T0135787

Prof. Dr. Norbert Ebeling
Matthias Kemper

Grenzschichttheorie

Bibliografische Information der Deutschen Nationalbibliothek

Die Deutsche Nationalbibliothek verzeichnet diese Publikation in der
Deutschen Nationalbibliografie; detaillierte bibliografische Daten sind
im Internet über http://dnb.d-nb.de abrufbar.

ISBN 978-3-8325-2879-9

Logos Verlag Berlin GmbH
Comeniushof, Gubener Str. 47,
10243 Berlin
Tel.: +49 (0)30 42 85 10 90
Fax: +49 (0)30 42 85 10 92
INTERNET: http://www.logos-verlag.de

Vorwort

Die Grenzschichttheorie nimmt in der Strömungsmechanik und der Lehre von der Wärme- und
Stoffübertragung eine zentrale Stelle ein. In der Tat
ist sie ein Werkzeug, um viele technisch bedeut-
same Phänomene zu erklären und theoretisch
vorauszuberechnen. Wer sich mit
Grenzschichttheorie beschäftigt, kommt wohl kaum
an dem bekannten Werk von Schlichting vorbei, in
dem sie umfassend abgehandelt wird.

Der Studierende und der Leser, der sich nur
begrenzt Zeit nehmen kann, werden aber in vielen
Fällen vor der Dicke des Werkes zurückschrecken
und auch nicht unbedingt immer alle
Zusammenhänge wirklich erfassen. Hier setzt
dieses bewusst knapp gehaltene Buch an. Alle
strömungsmechanischen Grundlagen, die zum
Verstehen der Grenzschichttheorie benötigt werden,
werden in vollständiger, aber auf das Wesentliche
reduzierter Form gebracht. Mathematische
Herleitungen sind lückenlos und enthalten keine
Sprünge. Konsequent werden auf diese Weise die
Navier-Stokes-Gleichungen und die Blasius-
Gleichung eingeführt, die zu Recht im Zentrum der
Grenzschichttheorie stehen.

Im weiteren wird neben der laminaren Grenzschicht
auch die turbulente Grenzschicht erläutert, ebenso
Phänomene der Umströmung von Hindernissen, der

Strömungsablösung und des Wärmeaustauschs.

Ein Werk, das – wie dieses – recht viele Differentialgleichungen enthält, läuft Gefahr, „zu trocken" zu sein. Dem wird mit bebilderten, zum Teil auch skurrilen Anwendungsbeispielen entgegengewirkt.

Inhaltsverzeichnis

4

1) Strömungsmechanik / Newtonsche Fluide

In diesem Werk werden mit Ausnahme des Abschnittes 1.4, wo Zylinderkoordinaten benutzt werden, kartesische Koordinaten zugrunde gelegt. Die drei Raumachsen werden mit i, j und k oder alternativ mit x, y und z bezeichnet, die anteiligen Geschwindigkeiten in diese Richtungen mit u, v und w. $\vec{e_x}$, $\vec{e_y}$ und $\vec{e_z}$ sind Einheitsvektoren. Sie zeigen in die jeweilige Raumrichtung und haben den Zahlenwert 1.

$$\left. \begin{array}{cccc} i & \vec{e_x} & u & x \\ j & \vec{e_y} & v & y \\ k & \vec{e_z} & w & z \end{array} \right\}$$ **Allgemeine Festlegungen**

Sehr häufig wird von einem infinitesimal kleinen, würfelförmigen Volumenelement mit dem Volumen dV, den jeweiligen Oberflächen dA und den Kantenlängen dx, dy und dz ausgegangen.

$\Box\ dy\ (\mathrm{dz})$ $dm = \rho \cdot dx \cdot dy \cdot dz$
dx

Wo es ohne Verlust von Informationen möglich ist, wird die dritte Raumachse z einfach weggelassen.

5

Die Dichte der Fluide darf, auch wenn sie Gase sind, in erster Näherung zumeist als konstant angesehen werden. Das ist zwar nicht ganz korrekt, führt aber zu wesentlichen Vereinfachungen.

Die Gesetze der Mechanik gelten uneingeschränkt auch für die Fluidmechanik. Insbesondere gilt : Kraft gleich Masse mal Beschleunigung. Auf das infinitesimal kleine substantielle Volumenelement bezogen sieht dieses Gesetz so aus :

$$dF_i = dm \cdot \frac{Du}{Dt} \qquad \boxed{(\,1\,)}$$

Die Geschwindigkeit u hängt von x, y, z und der Zeit t ab. Über das vollständige Integral erhält man :

$$\frac{Du}{Dt} = \frac{\partial u}{\partial t} + u \cdot \frac{\partial u}{\partial x} + v \cdot \frac{\partial u}{\partial y} + w \cdot \frac{\partial u}{\partial z} \qquad \boxed{(\,2\,)}$$

Im hier in der Regel beschriebenen stationären Fall gilt :

$$\frac{\partial u}{\partial t} = 0$$

In einem sich verjüngenden Rohr würde man finden :

$$\frac{Du}{Dt} = u \cdot \frac{\partial u}{\partial x}$$

Wenn man einen Geschwindigkeitsgradienten in

6

Querrichtung y hat, führt eine Bewegung v in Querrichtung auch zu einer Beschleunigung in Längsrichtung. Dem trägt der Term

$$v \cdot \frac{\partial u}{\partial y}$$

Rechnung. (Anschauliches Beispiel : Wer auf der Autobahn von der rechten auf die linke Spur wechselt, muss in Fahrtrichtung beschleunigen, um kein folgendes Fahrzeug zu behindern.)

Oft spielt eine volumenspezifische Kraft eine Rolle. Zumeist handelt es sich um das volumenspezifische Eigengewicht $\rho \cdot g$. In einer nach unten geneigten Rohrleitung mit dem Neigungswinkel α zur Horizontalen ist in der Regel nur der Anteil in Rohrrichtung interessant. Er beträgt :

$$\rho \cdot f_x = \rho \cdot g \cdot \sin \alpha \quad \boxed{(3)}$$

Allgemein :

Volumenkraft : f_i

1.1) Eulers Gesetz der Hydrostatik

In einem Gewässer steigt de Druck mit der Tiefe. Für das Volumenelement sieht die Kräftebilanz so aus :

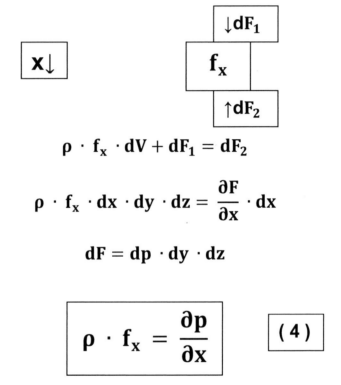

$$\rho \cdot f_x \cdot dV + dF_1 = dF_2$$

$$\rho \cdot f_x \cdot dx \cdot dy \cdot dz = \frac{\partial F}{\partial x} \cdot dx$$

$$dF = dp \cdot dy \cdot dz$$

$$\rho \cdot f_x = \frac{\partial p}{\partial x} \qquad (4)$$

f_x ist zumeist die Fallbeschleunigung g.

Da p nur von der Tiefe abhängt, darf man auch schreiben :

$$\rho \cdot g = \frac{dp}{dx}$$

Die Integration liefert :

$$p = p_0 + \rho \cdot g \cdot x$$

Dabei ist p_0 der Druck an der Oberfläche.

1.2) Reibung

Für die laminare Schichtenströmung gilt :

Bewegtes Fluid :
(Couette - Strömung)

$$\text{Schubspannung } \tau = \eta \cdot \frac{\partial u}{\partial y} \quad \boxed{(\,5\,)}$$

⇧

Bei einem (hier unterstellten) Newtonschen Fluid ist die dynamische Zähigkeit η nur eine Funktion der Temperatur.

Schlichting   schreibt   in   seinem   Buch   :

$$\tau = \mu \cdot \frac{\partial u}{\partial y}$$

Dabei ist μ mit η bedeutungsgleich.

1.3) Dimensionslose Kennzahlen:

Die Reynoldszahl ist ein Maß für das Verhältnis der Trägheits- zu den Reibungskräften.

$$Re\sim \frac{\text{Trägheitskräfte}}{\text{Zähigkeitskräfte}}$$

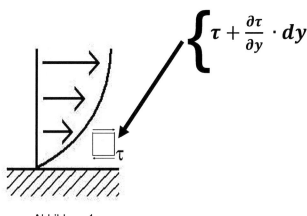

$$\left\{ \tau + \frac{\partial \tau}{\partial y} \cdot dy \right.$$

Abbildung 1

$$F_R = \frac{\partial \tau}{\partial y} \cdot dy \cdot \underbrace{(dx \cdot dz)}_{dA}$$

$$\text{Re} \sim \frac{\overbrace{\rho \cdot dx \cdot dy \cdot dz}^{\textbf{dm}} \cdot u \cdot \dfrac{\partial u}{\partial x}}{\dfrac{\partial \tau}{\partial y} \cdot dx \cdot dy \cdot dz}$$

u ist wohl überall proportional zur Geschwindigkeit u_∞ (weitab von jedem Hindernis) bzw. der mittleren Rohrgeschwindigkeit v, x und y proportional einer charakteristischen Länge wie z.B. dem Rohrdurchmesser d.

$$\frac{\partial u}{\partial x} \sim \frac{u_\infty}{d} \; ; \; \frac{\partial \tau}{\partial y} = \frac{\partial}{\partial y}\left(\eta \cdot \frac{\partial u}{\partial y}\right)$$

$$\frac{\partial \tau}{\partial y} \sim \frac{\partial}{\partial y}\left(\eta \cdot \frac{u_\infty}{d^2}\right)$$

Statt u_∞ kann auch jede vergleichbare Geschwindigkeit v eingesetzt werden.

$$\text{Re} = \frac{\rho \cdot v \cdot \dfrac{v}{d}}{\eta \cdot \dfrac{v}{d^2}} = \frac{\rho \cdot v \cdot d}{\eta}$$

$$\boxed{\text{Re} = \frac{v \cdot d}{\nu}} \quad \text{mit} \quad \nu = \frac{\eta}{\rho}$$

Laminare Strömung : - hohe Reibungskräfte,
- geringe Trägheitskräfte

Querströmungen wie diese werden „abgewürgt".

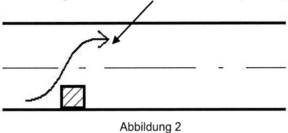

Abbildung 2

η **entscheidend**

Definition des Auftriebsbeiwertes :

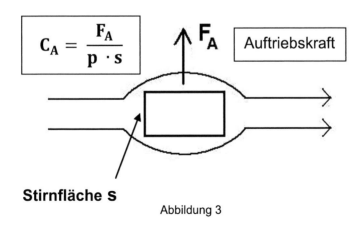

$$C_A = \frac{F_A}{p \cdot s}$$

$\uparrow F_A$ | Auftriebskraft

Stirnfläche s

Abbildung 3

13

Nach Bernoulli entspricht der Staudruck

$$p = \frac{1}{2} \cdot \rho \cdot u_\infty^2$$

Der Widerstandsbeiwert c_w (oder ζ) wird analog definiert.

Definitionen des Widerstandbeiwertes :

c_w (oder ζ in der Nomenklatur des VDI - Wärmeatlas)

$c_w = \frac{F_R}{\rho \cdot s}$ mit der Reibungskraft F_R

$$c_w = \frac{\dfrac{F_R}{s}}{\dfrac{1}{2} \cdot \rho \cdot u_\infty^2} = \frac{\Delta p}{\dfrac{1}{2} \cdot \rho \cdot u_\infty^2}$$

Für das Rohr wird mit der mittleren Geschwindigkeit u_m definiert :

Widerstandsbeiwert :

$$\lambda \ (\ \text{oder}\ \zeta_R\ \text{nach VDI}\ ) = \frac{d}{\frac{1}{2} \cdot \rho \cdot u_m^2} \cdot \left|\frac{dp}{dx}\right|$$

Einfluss der
Schwerkraft : $\underbrace{Fr}_{} = \frac{u}{\sqrt{g \cdot d}}$

Froude- Zahl

1.4) Laminare Rohrströmung

Hohe Viskosität, keine Trägheitskräfte, kein Einfluss der Dichte ρ.

Hagen-Poiseuille :

Herleitung :

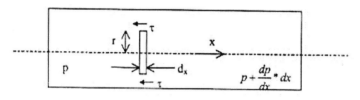

Abbildung 4

Kräftebilanz über das münzenförmige Volumenelement :

$$p \cdot \pi \cdot r^2 - \left(p + \frac{dp}{dx}\, dx\right) \cdot \pi\, r^2 - \tau \cdot 2\pi r \cdot dx = 0$$

$$-\frac{r}{2} \cdot \frac{dp}{dx} = \tau = -\eta \cdot \frac{du}{dr}$$

16

Integration mit u (r = R) = 0 führt zu :

$$u(r) = \frac{R^2}{4\eta} \cdot \frac{dp}{dx} \cdot \left[\left(\frac{r}{R}\right)^2 - 1\right]$$

$$\dot{V} = \int_0^R u(r) \cdot 2\pi \cdot dr$$

$$\dot{V} = \frac{\pi \cdot R^4}{8 \cdot \eta} \cdot \left(-\frac{dp}{dx}\right)$$

$$\bar{u} = \frac{\dot{V}}{\pi \cdot R^2} = \frac{R^2}{8 \cdot \eta} \cdot \frac{\Delta p}{l}$$

$$Re = \frac{\bar{u} \cdot \rho \cdot (2R)}{\eta}$$

$$\lambda = \frac{\Delta p}{\frac{1}{2} \cdot \rho \cdot \bar{u}^2} \cdot \frac{d}{l}$$

$$\lambda = \frac{64}{Re} \text{ laminar !!}$$

2) Erhaltungsgleichungen

Wichtige Erhaltungsgleichungen für die Beschreibung kontinuierlicher Strömungen (kartesische Koordinaten) :

2.1) Massenbilanz für ρ = const.

$$\frac{\partial u}{\partial x} + \frac{\partial v}{\partial y} = 0 \qquad \boxed{(\,6\,)}$$

Herleitung (ohne v_1) :

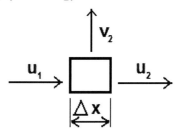

Abbildung 5

$$u_1 \cdot \Delta y \cdot \cancel{\Delta z} = u_2 \cdot \Delta y \cdot \cancel{\Delta z} + v_2 \cdot \Delta x \cdot \cancel{\Delta z}$$

$$(u_1 - u_2) \cdot \Delta y = + v_2 \cdot \Delta x$$

$$\frac{\Delta u}{\Delta x} + \frac{\Delta v}{\Delta y} = 0$$

18

2.2) Gleichungen von Euler und Bernoulli :

Gleichung von Euler (eine Richtung, Rohr):

$$dV \cdot \rho \cdot \frac{Du}{Dt} = \rho \cdot dV \cdot u \cdot \frac{\partial u}{\partial x} = +dF_x$$

Wenn die Kraft durch einen Druckgradienten aufgebracht wird, gilt :

$$\rho \cdot u \cdot \frac{\partial u}{\partial x} = -\frac{\partial p}{\partial x}$$

Kommt dann noch Volumen- bzw. Schwerkrafteinfluss hinzu, muss dieser entsprechend Abschnitt 1.1 ergänzt werden.

$$\rho \cdot u \cdot \frac{\partial u}{\partial x} = \frac{-\partial p}{\partial x} + \rho \cdot f_x \qquad \boxed{(7)}$$

s. auch
Glgn. 1,2,3,4

Integration entlang eines Weges x von einem Punkt 1 bis zu einem Punkt 2 und Umrechnung von f_x in $g \cdot \left(-\frac{dh}{dx}\right)$ liefert die Gleichung von Bernoulli.

$$p_1 + \rho \cdot g \cdot h_1 + \frac{1}{2} \cdot \rho \cdot u_1^2$$
$$=$$
$$p_2 + \rho \cdot g \cdot h_2 + \frac{1}{2} \cdot \rho \cdot u_2^2 \qquad \boxed{(\,8\,)}$$

Die Euler – Gleichung berücksichtigt im Gegensatz zu Bernoulli 2 Richtungen :

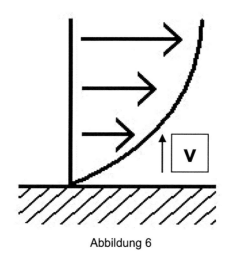

Abbildung 6

20

$$\rho \cdot \overbrace{\left(\mathbf{u} \cdot \frac{\partial u}{\partial x} + \mathbf{v} \cdot \frac{\partial u}{\partial y} \right)}^{\frac{Du}{Dt}} = - \frac{\partial p}{\partial x}$$

s. Glg. 2

v führt zu einem höheren Wert von u

21

2.3) Gleichungen von Navier-Stokes

Bernoulli und Euler vernachlässigen die Reibung

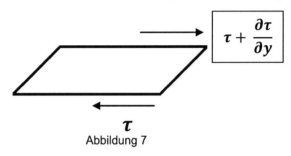

Abbildung 7

$$dF_R = \frac{\partial \tau}{\partial y} \cdot dy \cdot (dx \cdot dz) \quad \text{mit} \quad \tau = \eta \cdot \frac{\partial u}{\partial y}$$

$$f_R = \eta \cdot \frac{\partial^2 u}{\partial y^2} \qquad \boxed{\text{s. Glg. 2}}$$

Man kann zeigen, dass auch der Gradient in x – Richtung eingeht :

$$f_R = \eta \cdot \left(\frac{\partial u^2}{\partial y^2} + \frac{\partial^2 u}{\partial x^2} \right) \qquad \boxed{(9)}$$

Insgesamt kann man sagen: Die (Trägheits-)Kraft ist Masse mal Beschleunigung. Diese wird aufgebracht durch anteiliges Eigengewicht, durch einen Druckgradienten und durch Reibung. Dabei wirkt im Allgemeinen die Reibung der Beschleunigung entgegen. f_R ist also zumeist negativ. Diese

Aussage ist die der Navier-Stokes-Gleichungen:

$\longrightarrow$ Navier - Stokes – Gleichungen
(Können in der Grenzschicht vereinfacht werden (später))

$$\rho \cdot \frac{Du}{Dt} = \rho \cdot f_x - \frac{\partial p}{\partial x} + f_{Rx}$$

$$\rho \left(u \cdot \frac{\partial u}{\partial x} + v \cdot \frac{\partial u}{\partial y} \right) = \rho \cdot f_x - \frac{\partial p}{\partial x} + \eta \cdot \left(\frac{\partial^2 u}{\partial y^2} + \frac{\partial^2 u}{\partial x^2} \right)$$

$$(\, 10 \,)$$

$$\rho \left(v \cdot \frac{\partial v}{\partial y} + u \cdot \frac{\partial v}{\partial x} \right) = \rho \cdot f_y - \frac{\partial p}{\partial y} + \eta \cdot \left(\frac{\partial^2 v}{\partial y^2} + \frac{\partial^2 v}{\partial x^2} \right)$$

3) Einführung in die Grenzschichttheorie

3.1) Die laminare Grenzschicht an einer horizontalen, ebenen Platte

Es wird vereinfachend davon ausgegangen, dass die Viskosität in der Grenzschicht der Dicke δ unmittelbar auf der Plattenoberfläche die entscheidende Rolle spielt, außerhalb aber gar keine. Die Grenzschicht ist der Bereich, in dem die Geschwindigkeit u gegenüber der Umgebung reduziert ist. Sie hat in etwa folgende Form:

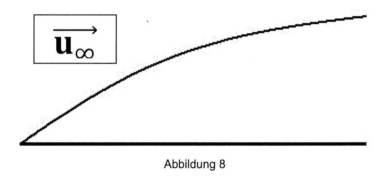

Abbildung 8

Wenn man in der Navier – Stokes – Gleichung alles weglässt, was exakt 0 oder nur von geringem Einfluss ist, so erhält man :

24

$$\rho \cdot u \cdot \frac{\partial u}{\partial x} = \eta \cdot \frac{\partial^2 u^2}{\partial y^2} = \frac{\partial \tau}{\partial y}$$

Nutzt man wieder den Gedanken der Proportionalitäten ($u \sim u_\infty, \delta \sim y$), dann folgt mit :

$$\frac{\partial u}{\partial x} \sim \frac{u_\infty}{x} \; ; \; \frac{\partial \tau}{\partial y} \sim \eta \cdot \frac{u_\infty}{\delta^2}$$

$$\rho \cdot \frac{u_\infty^2}{x} \sim \eta \cdot \frac{u_\infty}{\delta^2}$$

$$\delta \sim \sqrt{\frac{v \cdot x}{u_\infty}} \text{ mit } v = \frac{\eta}{\rho}$$

Diese Beziehung zeigt, dass die Grenzschicht parabelförmig ist.

Nebenbei sei erwähnt, dass

$$\delta \sqrt{\frac{u_\infty}{v \cdot x}} = \frac{\delta}{\sqrt{\frac{v \cdot x}{u_\infty}}}$$

dimensionslos ist. Das wird später eine Rolle spielen.
Die Grenzschichtdicke ist Definitionssache. Im

25

Allgemeinen wird angenommen, dass die Grenzschicht bei $u = 0,99 \cdot u_\infty$ endet. Die so definierte Grenzschichtdicke beträgt nach Messungen und rein theoretischen Berechnungen (s. Abschnitt 6.2)

$$\delta_{99(x)} = 5 \cdot \sqrt{\frac{\nu \cdot x}{u_\infty}}$$

Mit der Plattenlänge l findet man die dimensionslose Gleichung

$$\frac{\delta_{99(x)}}{l} = \frac{5}{\sqrt{Re}} \cdot \sqrt{\frac{x}{l}}$$

Ein nicht beliebiger Wert: die Verdrängungsdicke

$$u_\infty \cdot \delta_i(x) = \int_{y=0}^{\infty} (u_\infty - u (x,y)) \cdot dy$$

$$\delta_i \approx \frac{1}{3} \cdot \delta_{99}$$

3.2) Reibungskräfte an einer Oberfläche :

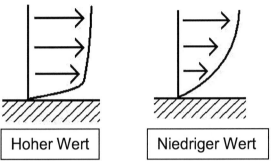

| Hoher Wert | Niedriger Wert |

Abbildung 9

$$\tau_W \, (x) = \eta \cdot \left(\frac{\partial u}{\partial y}\right) \quad \boxed{\text{s. Glg. 5}}$$

$$\tau_W \sim \eta \cdot \frac{u_\infty}{\delta} \quad \text{mit } \delta \sim \sqrt{\frac{\frac{\eta}{\rho} \cdot x}{u_\infty}}$$

$$\tau_W \sim \sqrt{\frac{\eta \cdot \rho \cdot u_\infty^3}{x}}$$

27

Bestimmung des mit der Plattenoberfläche definierten Widerstandsbeiwertes :

$$\zeta = c_W = \cfrac{F_W}{\underbrace{\cfrac{\rho}{2} \cdot u_\infty^2 \cdot b \cdot l}_{s}}$$

$$\boxed{\text{Oberfläche}}$$

$$F_W = b \cdot \int_0^l \tau_W(x) \cdot dx$$

$$F_W \sim b \cdot \sqrt{\eta \cdot \rho \cdot u_\infty^3} \cdot \int_0^l x^{-\frac{1}{2}} \cdot dx$$

$$F_W \sim b \cdot \sqrt{\eta \cdot \rho \cdot u_\infty^3} \cdot 2 \cdot l^{\frac{1}{2}}$$

$$c_W \sim \cfrac{b \cdot 2 \cdot \sqrt{\eta \cdot \rho \cdot u_\infty^3 \cdot l}}{b \cdot \sqrt{u_\infty^4} \cdot \cfrac{\rho^2}{4} \cdot l^2}$$

$$c_W \sim \cfrac{1}{\sqrt{Re}}$$

Messungen und weitere theoretische Überlegungen (s. 6.3) ergeben :

$$c_W = \cfrac{1,1328}{\sqrt{Re}}$$

28

3.3) Grenzschicht an einem Hindernis :

Navier - Stokes :

$$\boxed{\text{Nicht } \frac{\partial p}{\partial x} \text{ !}}$$

$$\mathbf{u} \cdot \frac{\partial u}{\partial x} + \mathbf{v} \cdot \frac{\partial u}{\partial y} = -\frac{1}{\rho} \cdot \frac{\overset{\frown}{dp}}{dx} + \mathbf{v} \cdot \frac{\partial^2 u}{\partial y^2} \quad \boxed{\begin{array}{l} \text{s.} \\ \text{Glg.} \\ \text{10} \end{array}}$$

In größerer Entfernung vom Hindernis kann man die innere Flüssigkeitsreibung zumeist vernachlässigen. Entlang einer Stromlinie darf man dann die Gleichung von Bernoulli anwenden (s. Abschnitt 2.2). Es ergibt sich dann folgender Zusammenhang zwischen der Geschwindigkeit U und dem Druck p. Wenn dann auch noch der Einfluss von Volumenkräften wie der Schwerkraft nicht ins Gewicht fällt, folgt

$$\mathbf{U} \cdot \frac{dU}{dx} = -\frac{1}{\rho} \cdot \frac{dp}{dx} \quad (\text{ reibungsfrei })$$

oder durch Integration entlang des Weges zwischen zwei benachbarten Bahnpunkten 1 und 2 die Bernoulli – Gleichung :

$$\rho \cdot \frac{u_2^2}{2} + \mathbf{p_2} = \rho \cdot \frac{u_1^2}{2} + \mathbf{p_1} \quad \boxed{\text{s. Glg. 8}}$$

Wenn der Querschnitt eingeengt wird, wird der Abstand zwischen benachbarten Stromlinien geringer. Die Geschwindigkeit erhöht sich, und der Druck sinkt. Hinter einem Hindernis geschieht das Umgekehrte. Der Druck steigt. Unmittelbar an der Oberfläche des Hindernisses ist die Geschwindigkeit infolge Reibung eher langsam. Hier kann die Druckerhöhung dazu führen, dass das Fluid gegen den Druckgradienten nicht gegenan fließen kann, sondern sogar zurückströmt. Strömungsablösung ist die Folge.
(s. Kapitel 10)

4) Potential- und Stromfunktion

Wie erwähnt (s. Abschnitt 2.1) lautet der Massenerhaltungssatz :

$$\frac{\partial u}{\partial x} + \frac{\partial v}{\partial y} = 0 \qquad \boxed{(\,6\,)}$$

Die Stromfunktion ψ ist so definiert :

$$u = \frac{\partial \Psi}{\partial y} \; ; v = - \frac{\partial \Psi}{\partial x} \qquad \boxed{(\,11\,)}$$

Eingesetzt in den Massenerhaltungssatz ergibt sich :

$$\frac{\partial}{\partial x} \left(\frac{\partial \Psi}{\partial y}\right) + \frac{\partial}{\partial x} \left(- \frac{\partial \Psi}{\partial x}\right) = 0$$

Das gilt offensichtlich immer.

Wenn es gelingt, eine Stromfunktion zu finden, ist der Massenerhaltungssatz erfüllt. Dabei ist unerheblich, ob Reibung eine Rolle spielt oder nicht.

Für sich drehende Flüssigkeitselemente gilt :

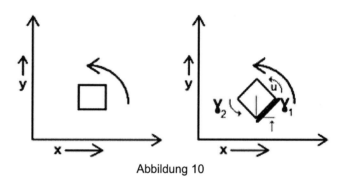

Abbildung 10

Drehwinkel :

$$\gamma_1 = \frac{\partial y}{\partial x}$$

$$\gamma_2 = \frac{-\partial x}{\partial y}$$

Winkelgeschwindigkeit :

$$\omega_1 = \frac{\partial \gamma_1}{\partial t} = \frac{\partial v}{\partial x}$$

$$\omega_2 = \frac{\partial \gamma_2}{\partial t} = \frac{-\partial u}{\partial y}$$

Im Mittel :

$$\omega = \frac{1}{2} \cdot \left(\frac{\partial v}{\partial x} - \frac{\partial u}{\partial y} \right)$$

(Für kleinere Winkel unterscheidet sich der Tangens nicht vom Winkel selbst.)

So eine Drehung ist nur möglich, wenn es

32

Schubspannungen gibt. Für reibungsfreie, sogenannte Potentialströmungen gilt :

Zirkulation :

Potentialströmung (reibungsfrei) : Keine Rotation

$$\omega = 0 \; ; \; \frac{\partial v}{\partial x} - \frac{\partial u}{\partial y} = 0$$

Der Massenerhaltungssatz gilt natürlich gleichzeitig :

$$\frac{\partial u}{\partial x} + \frac{\partial v}{\partial y} = 0$$

Leitet man die obere Gleichung nach y, die untere nach x ab und bildet die Differenz, dann folgt :

$$\frac{\partial}{\partial y}\left(\frac{\partial v}{\partial x}\right) - \frac{\partial^2 u}{\partial y^2} - \frac{\partial}{\partial x}\left(\frac{\partial u}{\partial x}\right) - \frac{\partial}{\partial x}\left(\frac{\partial v}{\partial y}\right) = 0$$

$$\frac{\partial^2 u}{\partial x^2} + \frac{\partial^2 u}{\partial y^2} = 0$$

Eingesetzt in die Navier – Stokes – Gleichung folgt :

$$\rho \cdot \left(u \cdot \frac{\partial u}{\partial x} + v \cdot \frac{\partial u}{\partial y} \right) = -\frac{\partial p}{\partial x} + 0$$

s. Glg.
10

$$p = f(u, v)$$

Für v = 0 ist man wieder bei Bernoulli.

Die Potentialfunktion Φ ist so definiert :

$$u = \frac{\partial \phi}{\partial x} \; ; v = \frac{\partial \phi}{\partial y}$$

(12)

Wenn man ϕ findet, ist

$$\frac{\partial v}{\partial x} - \frac{\partial u}{\partial y} = 0$$

und damit die Strömung reibungs- und drehungsfrei.

Setzt man die Stromfunktion ψ mit

$$u = \frac{\partial \Psi}{\partial y} \textbf{ und } v = -\frac{\partial \Psi}{\partial x} \qquad \text{in } \frac{\partial v}{\partial x} - \frac{\partial u}{\partial y} = 0$$

34

ein, dann folgt übrigens :

$$\frac{\partial^2 \psi}{\partial x^2} + \frac{\partial^2 \psi}{\partial y^2} = 0$$

oder auch :

$$u \cdot \frac{\partial \Psi}{\partial x} + v \cdot \frac{\partial \Psi}{\partial x} = 0$$

Auf der Stromlinie (v = 0) ist ψ eine Konstante.
Die Zirkulation Γ ist so definiert :

$$\Gamma = \oint \vec{w} \cdot d\vec{s} \qquad \boxed{(\,13\,)}$$

Beispiel :

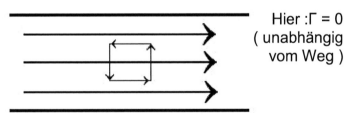

Hier : Γ = 0
(unabhängig
vom Weg)

Abbildung 11

Flugzeugtragflügel :

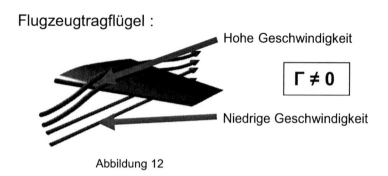

Hohe Geschwindigkeit

$$\boxed{\Gamma \neq 0}$$

Niedrige Geschwindigkeit

Abbildung 12

Reibungsfreie Kreisströmung
(Potentialströmung)

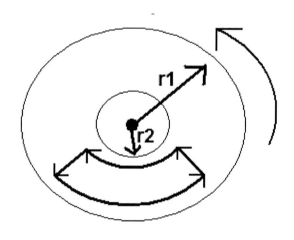

Abbildung 13

Für $w \sim \frac{1}{r}$ gilt offensichtlich $\Gamma = 0$

36

Eine Ausnahme : Kreis um die Mitte

$$\Gamma = 2\pi \cdot r \cdot \omega$$

$$\Gamma = \text{const.}$$

Potential- und Strömungsfunktionen sowie Geschwindigkeiten für einige elementare Potentialströmungen

Strömung	$\Phi(x,y)$	$\Psi(x,y)$	$u(x,y)$	$v(x,y)$	Stromlinie
Translationsströmung	$U_\infty x + V_\infty y$	$U_\infty y - V_\infty x$	U_∞	V_∞	
Quellströmung (Produktivität E)	$\dfrac{E}{2\pi}\ln r$	$\dfrac{E}{2\pi}\varphi$	$\dfrac{E}{2\pi}\dfrac{x}{r^2}$	$\dfrac{E}{2\pi}\dfrac{y}{r^2}$	
Potential-Wirbelströmung (Zirkulation Γ)	$\dfrac{\Gamma}{2\pi}\varphi$	$-\dfrac{\Gamma}{2\pi}\ln r$	$-\dfrac{\Gamma}{2\pi}\dfrac{y}{r^2}$	$\dfrac{\Gamma}{2\pi}\dfrac{x}{r^2}$	
Quell-Abflussströmung (Produktivität E, Abstand h)	$\dfrac{E}{2\pi}\ln\dfrac{r_1}{r_2}$	$\dfrac{E}{2\pi}\left(\varphi_1-\varphi_2\right)$	$\dfrac{E}{2\pi}\left(\dfrac{x+h}{r_1^2}-\dfrac{x}{r_2^2}\right)$	$\dfrac{Ey}{2\pi}\left(\dfrac{1}{r_1^2}-\dfrac{1}{r_2^2}\right)$	
Dipolströmung (Dipolmoment M)	$\dfrac{M}{2\pi}\dfrac{x}{r^2}$	$-\dfrac{M}{2\pi}\dfrac{y}{r^2}$	$\dfrac{M}{2\pi}\dfrac{y^2-x^2}{r^4}$	$-\dfrac{M}{2\pi}\dfrac{2xy}{r^4}$	

(s.a.: Gersten, K. : Einführung in die Strömungsmechanik, Bertelsm. Univ.Verlag, erste Auflage, S. 130)

Quellströmung : $\dot{V} = w_{rad} \cdot 2\pi \cdot r \cdot h$

Man geht von einer punktförmigen Quelle aus, aus der das Fluid gleichermaßen in alle Richtungen strömt.

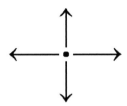

Ergiebigkeit : $E = w_{rad} \cdot 2\pi \cdot r$

für $x = r$: $E = u \cdot 2\pi \cdot x$

$$u = \frac{E}{2\pi \cdot x\,(oder\,r)}$$

Quelle : $\quad \Phi = \frac{E}{2\pi} \cdot \ln\sqrt{x^2 + y^2}$

mit $r^2 = x^2 + y^2$

$$u = \frac{\partial \Phi}{\partial x} = \frac{E}{2\pi} \cdot \frac{1}{\sqrt{x^2 + y^2}} \cdot \frac{1}{2} \cdot \frac{1}{\sqrt{x^2 + y^2}} \cdot 2x$$

$$\Psi = \frac{E}{2\pi} \cdot \varphi = \frac{E}{2\pi} \cdot arctg\left(\frac{y}{x}\right)$$

$$u = \frac{E}{2\pi} \cdot \frac{x}{r^2}$$

$$u = \frac{\partial \Psi}{\partial y} = \frac{E}{2\pi} \cdot \frac{\partial}{\partial x}\left(\text{arctg}\left(\frac{y}{x}\right)\right)$$

Bronstein : $\frac{\partial}{\partial x}\,\textbf{arctg}\,\textbf{x} = \frac{1}{1+x^2}$

$$u = \frac{\partial \left(\frac{y}{x}\right)}{\partial x} \cdot \frac{\partial \Psi}{\partial \left(\frac{y}{x}\right)}$$

$$u = \frac{E}{2\pi} \cdot \frac{1}{1 + \left(\frac{y}{x}\right)^2} \cdot \frac{1}{x} \qquad \Bigg| \cdot \frac{x^2}{x^2}$$

Für jeden Ort gilt :

$$u = \frac{E}{2\pi} \cdot \frac{x}{r^2}$$

40

In der Quelle „Odins Auge " in Bad Lippspringe kommt das Wasser aus einem natürlichen, senkrechten Schacht empor und verteilt sich in einem Quellteich in alle Richtungen. Die Situation wird durch die obige Gleichung recht gut erfasst.

Quelle „Odins Auge" Bad Lippspringe :

Abbildung 14

Zur Anwendung :

$$\text{Strömung} = \sum \text{aller Modellströmungen}$$

Tragfläche :

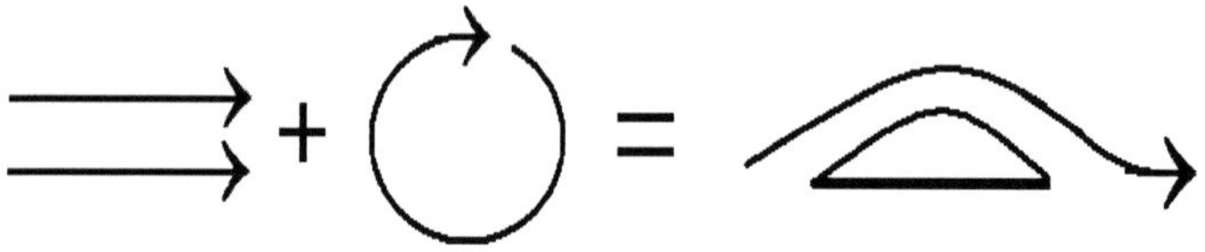

Abbildung 15

5) Gesetz von Kutta- Joukowski

Auftrieb entsteht, wenn ein möglichst grosser Fluidanteil über die obere Oberfläche strömt. Gelingt es auf geeignete Weise, dass bei einer ebenen Platte alles oben herum strömt, dann gilt vereinfacht folgendes :

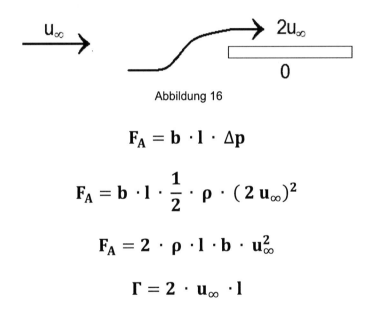

Abbildung 16

$$F_A = b \cdot l \cdot \Delta p$$

$$F_A = b \cdot l \cdot \frac{1}{2} \cdot \rho \cdot (2\, u_\infty)^2$$

$$F_A = 2 \cdot \rho \cdot l \cdot b \cdot u_\infty^2$$

$$\Gamma = 2 \cdot u_\infty \cdot l$$

$$\boxed{F_A = \Gamma \cdot \rho \cdot b \cdot u_\infty} \qquad \boxed{(14)}$$

Kutta – Joukowski
Diese Gleichung gilt aber auch allgemein.

43

6) Exakte Berechnung der Grenzschichtdicke

Grenzschicht an einer ebenen
Platte (vgl. Abschnitt 3.1):

$$u \cdot \frac{\partial u}{\partial x} + v \cdot \frac{\partial u}{\partial y} = \nu \cdot \frac{\partial^2 u}{\partial y^2} \qquad (15)$$

$$\frac{\partial u}{\partial x} + \frac{\partial v}{\partial y} = 0 \qquad (6) \qquad \text{s. Glg. 10}$$

mit den Randbedingungen :

$$y = 0 : u = 0 , v = 0$$
$$y \to \infty : u = u_\infty$$

$$\delta (x) \sim \sqrt{\frac{x \cdot \nu}{u_\infty}}$$

Für Ähnlichkeitsbetrachtungen ist $y/\delta (x)$
bedeutsam

$$\frac{y}{\sqrt{\dfrac{x \cdot \nu}{u_\infty}}}$$

Definition :

$$m = y \cdot \sqrt{\frac{u_\infty}{2 \cdot v \cdot x}} \qquad \boxed{(\, 16 \,)}$$

Der Faktor 2 ist willkürlich gewählt , aber hilfreich.

Ansatz :

Die unten definierte Grösse ψ ist eine brauchbare Stromfunktion :

$$\Psi = \sqrt{2 \cdot v \cdot x \cdot u_\infty} \cdot f \underbrace{(m)} \qquad \boxed{(\, 17 \,)}$$

Bei Schlichting:
η

f ist eine noch näher zu bestimmende dimensionslose Stromfunktion.

$$u = \frac{\partial \Psi}{\partial y} = \frac{\partial \Psi}{\partial m} \cdot \frac{\partial m}{\partial y}$$

$$u = \sqrt{2 \cdot v \cdot x \cdot u_\infty} \cdot f'(m) \cdot \sqrt{\frac{u_\infty}{2 \cdot v \cdot x}}$$

$$u = u_\infty \cdot f'(m) \qquad \boxed{(\, 18 \,)}$$

45

$$v = - \frac{\partial \Psi}{\partial x}$$

$$\Psi = \sqrt{2 \cdot v \cdot x \cdot u_\infty} \cdot f(m)$$

$$\frac{\partial \Psi}{\partial x} = \frac{1}{2} \cdot \frac{1}{\sqrt{x}} \cdot \sqrt{2 \cdot v \cdot u_\infty} \cdot f(m)$$
$$+ \sqrt{2 \cdot v \cdot x \cdot u_\infty} \cdot f'(m) \cdot \left[\frac{\partial m}{\partial x} \right]$$

$$\frac{\partial m}{\partial x} = y \cdot \sqrt{\frac{u_\infty}{2 \cdot v}} \cdot \left(- \frac{1}{2} \right) \cdot x^{-\frac{3}{2}}$$

$$\frac{\partial \Psi}{\partial x} = \sqrt{\frac{v \cdot u_\infty}{2 \cdot x}} \cdot f - \left(y \cdot \frac{u_\infty}{2 \cdot v \cdot x} \right) \cdot \sqrt{x} \cdot x^{-\frac{3}{2}} \cdot \frac{1}{2}$$
$$+$$
$$\cdot \sqrt{2 \cdot v \cdot x \cdot u_\infty} \cdot f'(m)$$

$$\boxed{v = - \frac{\partial \Psi}{\partial x} = \sqrt{\frac{v \cdot u_\infty}{2 \cdot x}} \cdot (m \cdot f' - f)}$$

6.1) Massenerhaltung (Kontinuitätsgleichung)

Zu zeigen : $\quad \dfrac{\partial u}{\partial x} + \dfrac{\partial v}{\partial y} = 0 \qquad \boxed{(\, 6 \,)}$

Es gilt :

$$\frac{\partial u}{\partial x} = u_\infty \cdot f''(m) \cdot y \cdot \sqrt{\frac{u_\infty}{2 \cdot \nu}} \cdot \left(-\frac{1}{2}\right) \cdot x^{-\frac{3}{2}}$$

$$\frac{\partial u}{\partial x} = u_\infty \cdot f''(m) \cdot m \cdot \left(-\frac{1}{2x}\right)$$

$$\frac{\partial v}{\partial y} = \frac{\partial}{\partial y}\left[\sqrt{\frac{\nu \cdot u_\infty}{2x}} \cdot m \cdot f'\right] - \frac{\partial}{\partial y}\left[\sqrt{\frac{\nu \cdot u_\infty}{2x}} \cdot f\right]$$

$$\frac{\partial v}{\partial y} = \sqrt{\frac{\nu \cdot u_\infty}{2x}} \cdot \sqrt{\frac{u_\infty}{2 \cdot \nu \cdot x}} \cdot f' + \sqrt{\frac{\nu \cdot u_\infty}{2x}} \cdot y \sqrt{\frac{u_\infty}{2 \cdot \nu \cdot x}} \cdot f'' \cdot \sqrt{\frac{u_\infty}{2 \cdot \nu \cdot x}}$$
$$- \sqrt{\frac{\nu \cdot u_\infty}{2x}} \cdot f' \cdot \sqrt{\frac{u_\infty}{2 \cdot \nu \cdot x}}$$

$$\frac{\partial v}{\partial y} = u_\infty \cdot m \cdot f''(m) \cdot \frac{1}{2x}$$

Einsetzen liefert :

$$\Rightarrow \frac{\partial u}{\partial x} + \frac{\partial v}{\partial y} = 0 \qquad \boxed{\textbf{Kontinuitätsgleichung}}$$

Die gewählte Stromfunktion erfüllt den Massenerhaltungssatz.

6.2) Gleichungen von Navier-Stokes und Blasius

Will man die aus der Stromfunktion ψ hergeleiteten Grössen u und v in die Navier – Stokes – Gleichung für Plattengrenzschichten :

$$u \cdot \frac{\partial u}{\partial x} + v \cdot \frac{\partial u}{\partial y} = \nu \cdot \frac{\partial^2 u}{\partial y^2}$$

$$\boxed{\text{s. Glg. } 15}$$

einsetzen, dann braucht man folgende Zwischengleichungen :

$$u = u_\infty \cdot f'(m)$$

$$\frac{\partial u}{\partial x} = u_\infty \cdot f''(m) \cdot m \cdot \left(-\frac{1}{2x}\right)$$

$$v = \sqrt{\frac{\nu \cdot u_\infty}{2x}} \cdot (m \cdot f' - f)$$

$$\frac{\partial u}{\partial y} = u_\infty \cdot f''(m) \cdot \sqrt{\frac{u_\infty}{2 \cdot \nu \cdot x}}$$

$$\frac{\partial^2 u}{\partial y^2} = u_\infty \cdot \sqrt{\frac{u_\infty}{2 \cdot \nu \cdot x}} \cdot f'''(m) \cdot \sqrt{\frac{u_\infty}{2 \cdot \nu \cdot x}}$$

Einsetzen und Kürzen führt direkt zu :

$$f''' = f \bullet f'' = 0$$

Gleichung von Blasius

(19)

Randbedingungen :

Für : m = 0   f = 0 , f'= 0

Für : m→ ∞ :   f'= 1

$$u = u_\infty \cdot f'(m)$$

Erläuterung :

Für: m = 0 (d.h. y = 0) u = 0 und damit f'= 0
Für: m → ∞ (d.h. y→ ∞) u = u_∞ und damit f'= 1

$$v = \sqrt{\frac{v \cdot u_\infty}{2x}} \cdot (m \cdot f' - f)$$

Für m = 0 bzw. y = 0 muss wegen v = 0 und $f' = 0$ auch f = 0 sein.

Es existiert eine Funktion f (m), aber es existiert keine Gleichung.
Beschreibung von f (m) : Dicke der Grenzschicht

Bis zu einer Reynoldszahl

$$Re = \frac{u_\infty \cdot x}{\nu} = 5 \cdot 10^5$$

ist die Grenzschicht laminar. Für diese gilt nach Gersten :

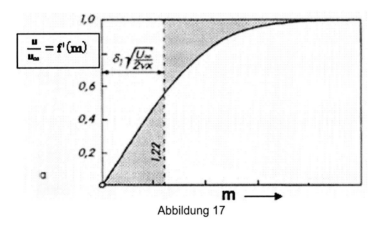

Abbildung 17

(nach : Schlichting, H. , Gersten, K. (2006): Grenzschicht - Theorie, Springer , 10. Auflage, Seite 159)

Zur Bestimmung der Wandreibung braucht man f_w'' für y = 0 bzw. m = 0.

$$f_w'' = 0,4696$$

Nach Incropera gilt sinngemäss folgende Wertetabelle :
(Im Original gehen seine Daten auf eine Kennzahl ohne den Faktor 2 bzw. $\frac{1}{\sqrt{2}}$ zurück und weichen daher ab.)
Funktionen der laminaren Grenzschicht an einer ebenen Oberfläche :

$m = y\sqrt{\dfrac{u_\infty}{\nu x}}$	f	$\dfrac{df}{dm} = \dfrac{u}{u_\infty}$	$\dfrac{d^2f}{dm^2}$
0,0	0,0000	0,000	0,470
0,4	0,0191	0,133	0,468
0,8	0,0750	0,265	0,462
1,2	0,1683	0,394	0,448
1,6	0,2970	0,517	0,420
2,0	0,4596	0,630	0,378
2,4	0,6520	0,729	0,322
2,8	0,8704	0,812	0,260
3,2	1,1095	0,876	0,197
3,6	1,3647	0,923	0,139
4,0	1,6306	0,956	0,091
4,4	1,9035	0,976	0,055
4,8	2,1814	0,988	0,031
5,2	2,4621	0,994	0,016
5,6	2,7436	0,997	0,007
6,0	3,0264	0,999	0,003
6,4	3,3086	1,000	0,001
6,8	3,5914	1,000	0,000

(s.a. : Incropera, F.P.; DeWitt, D.P.: Fundamentals of Heat and Mass Transfer, Wiley, 4. Auflage ,Seite 352)

6.3) Reibung :

Bestimmung des Widerstandsbeiwertes einer ebenen Platte (s. 3.2)

$$u = u_\infty \cdot f'\left(y\sqrt{\frac{u_\infty}{2 \cdot v \cdot x}}\right) \qquad \boxed{\text{s. Glg. } 18}$$

$$\left(\frac{\partial u}{\partial y}\right)_w = u_\infty \cdot \sqrt{\frac{u_\infty}{2 \cdot v \cdot x}} \cdot f_w''$$

$$\left(\frac{\partial u}{\partial y}\right)_w = \frac{0,4696}{\sqrt{2}} \cdot u_\infty \cdot \sqrt{\frac{u_\infty}{v \cdot x}}$$

$$\tau_w = \eta \cdot 0,332 \cdot u_\infty \cdot \sqrt{\frac{u_\infty}{v \cdot x}} \qquad \boxed{\text{s. Glg. } 5}$$

Oberfläche (1 Seite) :

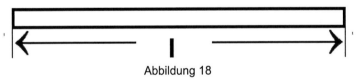

Abbildung 18

$$F_w = \int_0^l \tau_w \cdot b \cdot dx$$

$$F_w = \eta \cdot 0,332 \cdot u_\infty \cdot \sqrt{\frac{u_\infty}{v}} \cdot b \cdot \int_0^l x^{-\frac{1}{2}} \cdot dx$$

53

mit :
$$\int_0^l x^{-\frac{1}{2}} \cdot dx = 2\sqrt{l}$$

$$c_w = \frac{F_w}{\frac{\rho}{2} \cdot u_\infty \, b \cdot l}$$

$$c_w = \frac{1,328}{Re}$$

(siehe auch 3.2)

Wenn die Platte beidseitig umströmt wird, gilt sinngemäss der doppelte Wert.

7) Temperaturgrenzschichten

Erhaltungsgleichungen für Wärme :

$$\rho \cdot c_p \cdot \left(u \cdot \frac{\partial T}{\partial x} + v \cdot \frac{\partial T}{\partial y}\right) = \lambda \cdot \frac{\partial^2 T}{\partial y^2} + \eta \cdot \left(\frac{\partial u}{\partial y}\right)^2$$

$$\boxed{(\,20\,)}$$

Ausgegangen wird von der laminaren Strömung entlang einer heissen, ebenen Platte.

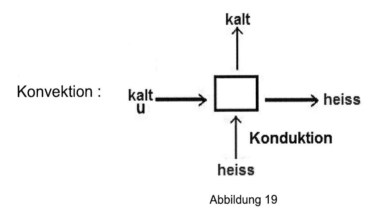

Abbildung 19

Konvektion : $\Delta \dot{Q}_c = \left(\dot{m} \cdot c_p \cdot \Delta T\right)$

$$c_p \cdot \rho \cdot (dy \cdot dz) \cdot u \cdot \left(\frac{\partial T}{\partial x} \cdot dx\right) > 0$$

55

Wärmeleitung :

$$\dot{Q} = \left(-\lambda \cdot A \cdot \frac{\partial T}{\partial y} \right)$$

$$\Delta\dot{Q} = \left(-\lambda \cdot (dx \cdot dz) \cdot \left(\Delta\frac{\partial T}{\partial y} \right) \right) < 0$$

$$-\lambda \cdot (dx \cdot dz) \cdot \left(\frac{\partial^2 T}{\partial y^2} \right) \cdot dy < 0$$

Reibleistung :

$$dP = \tau \cdot dx \cdot dz \cdot \frac{\partial u}{\partial y} \cdot dy \quad > 0$$

$$\tau = \eta \cdot \frac{\partial u}{\partial y}$$

Diese ist aber zumeist zu vernachlässigen. Unter Einschluss einer möglichen Konvektion auch in y-Richtung erhält man :

$$\rho \cdot c_p \cdot \left(u \cdot \frac{\partial T}{\partial x} + v \cdot \frac{\partial T}{\partial y} \right) = \lambda \cdot \frac{\partial^2 T}{\partial y^2}$$

Die Analogie zu Navier − Stokes ist offensichtlich.

Navier-Stokes angewendet auf eine Grenzschicht :
(siehe auch 6))

$$\left(u \cdot \frac{\partial u}{\partial x} + v \cdot \frac{\partial u}{\partial y} \right) = \nu \cdot \frac{\partial^2 u}{\partial y^2} \qquad \boxed{\begin{array}{l} \text{s. Glg.} \\ 15 \end{array}}$$

$$\frac{\left(u \cdot \dfrac{\partial u}{\partial x} + v \cdot \dfrac{\partial u}{\partial y} \right)}{\left(u \cdot \dfrac{\partial T}{\partial x} \cdot v \cdot \dfrac{\partial T}{\partial y} \right)} = \frac{\nu \cdot \rho \cdot c_p}{\lambda} \cdot \frac{\dfrac{\partial^2 u}{\partial y^2}}{\dfrac{\partial^2 T}{\partial y^2}}$$

Der Faktor $\dfrac{\nu \cdot \rho \cdot c_p}{\lambda}$ ist die Prandtl – Zahl, ein reiner Stoffwert.

$$\frac{\left(u \cdot \dfrac{\partial u}{\partial x} + v \cdot \dfrac{\partial u}{\partial y} \right)}{\left(u \cdot \dfrac{\partial T}{\partial x} \cdot v \cdot \dfrac{\partial T}{\partial y} \right)} = \mathbf{Pr} \cdot \frac{\dfrac{\partial^2 u}{\partial y^2}}{\dfrac{\partial^2 T}{\partial y^2}}$$

Für Gase liegt die Prandtl – Zahl im allgemeinen in einem weiten Temperatur- und Druckbereich in der Nähe von 1, wie man aus diversen Tabellenwerken entnehmen kann. **Pr ≈ 1.**
Unabhängig von dieser Bedingung verhalten sich u und T gleich.

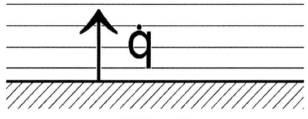

Abbildung 20

Für den Wärme-
übergang gilt :

$$\dot{q} = \propto \cdot (T_w - T_\infty)$$

An der Wand ist die
Wärmeleitung
bestimmend :

$$\dot{q} = -\lambda \cdot \left(\frac{\partial T}{\partial y}\right)_w$$

Daraus folgt :

$$\propto = \frac{-\lambda \cdot \left(\frac{\partial T}{\partial y}\right)_u}{T_w - T_\infty}$$

$$\propto = \frac{-\lambda \cdot \left(\dfrac{\partial \dfrac{T}{T_\infty}}{\partial y}\right)_w}{\dfrac{T_w}{T_\infty} - 1}$$

58

Völlig analog gilt dann auch :

$$\text{mit } u_w = 0 \qquad \alpha = \lambda \cdot \left(\frac{\partial\left(\frac{u}{u_\infty}\right)}{\partial y}\right)_w$$

Die Grenzschichttheorie liefert dann für die laminare Grenzschicht :

$$\alpha = \lambda \cdot \sqrt{\frac{u_\infty}{2 \cdot \nu \cdot x}} \cdot 0,4696$$

über die Plattenlänge l gemittelt folgt :

$$\bar{\alpha} = 0,4696 \cdot \lambda \cdot \sqrt{\frac{u_\infty}{2 \cdot \nu}} \cdot \frac{b \cdot \int_0^l \frac{1}{x^{\frac{1}{2}}} \cdot dx}{b \cdot l}$$

$$\bar{\alpha} = 0,4696 \cdot \lambda \cdot \sqrt{\frac{u_\infty \cdot 4 \cdot l}{2 \cdot \frac{\eta}{\rho} \cdot l^2}}$$

$$\bar{\alpha} = 0,664 \cdot \frac{\lambda}{l} \cdot Re^{+\frac{1}{2}}$$

$$Nu = 0,664 \cdot \sqrt{Re}$$

Nußeltzahl mit $Nu = \bar{\alpha} \cdot \frac{l}{\lambda}$

Es gibt Hinweise darauf, dass bei Pr ≠ 1 gilt :

$$\mathbf{Nu} = \mathbf{0,664} \cdot \mathbf{Re}^{\frac{1}{2}} \cdot \mathbf{Pr}^{\frac{1}{3}}$$

(s.a. : Vauck, W.R.A., Müller, H.A.: "Grundoperationen chemischer Verfahrenstechnik" , Wiley, 11. Auflage (2001))

8) Gleichung der Grenzschicht des Stofftransports

Ohne Beweis sei genannt :

$$\mathbf{u} \cdot \frac{\partial c_A}{\partial x} + \mathbf{v} \cdot \frac{\partial c_A}{\partial y} = \mathbf{D_{AB}} \cdot \frac{\partial^2 c_A}{\partial y^2}$$

Bei der Gasströmung sind alle Grenzschichten praktisch gleich dick.

9) Turbulente Grenzschicht

Ab einer über die Plattenlänge definierten Reynoldszahl von $5 \cdot 10^5$ schlägt die Grenzschichtströmung von laminar nach turbulent um. Die Grenzschicht wird wesentlich dicker, und der Strömungswiderstand erhöht sich. Unter der turbulenten Grenzschicht bildet sich eine sehr dünne laminare Unterschicht aus.

Turbulente Grenzschichten :

Die Geschwindigkeit u bzw. v hängt nicht nur vom Ort, sondern auch von der Zeit ab. Sie kann zerlegt werden in eine mittlere Geschwindigkeit und in eine Fluktuationsgeschwindigkeit. Mit leichtem Unernst sei an die Echternacher Springprozession erinnert, deren „Strömungsbild" ähnlich aussieht (Foto). Die Teilnehmer gehen zwei Schritte vor und dann wieder einen zurück. Für die Geschwindigkeit u bzw. v gilt das gleiche – mit dem Unterschied, dass hier nichts im Rhythmus stattfindet.

Abbildung 21

(Quelle:http://www.irrel.de/buerger/bildung/brauchtum/jpg_gif/s
pringproz2008/page/image559.html)

$$u\,(\,x, y, t\,) = \bar{u}\,(\,x, y\,) + \,u'(x, y, t\,)$$
$$v\,(\,x, y, t\,) = \bar{v}\,....$$

$$\bar{u} = \text{Mittelwert}, \overline{u'} = 0$$
$$p\,(x, y, t) = \bar{p}\,(x, y, t\,) + \,p'(x, y, t\,)$$

Erhaltungsgleichungen :

$$\frac{\partial \bar{u}}{\partial x} + \frac{\partial u'}{\partial x} + \frac{\partial \bar{v}}{\partial y} + \frac{\partial v'}{\partial y} = 0 \; ; \frac{\partial \bar{u}}{\partial x} + \frac{\partial \bar{v}}{\partial y} = 0$$

Dann gilt auch :
$$\frac{\partial u'}{\partial x} + \frac{\partial v'}{\partial y} = 0 \quad \boxed{\text{s. Glg. 6}}$$

Daraus folgt bereits, dass unmittelbar an der Wand, wo v´ aus Platzgründen 0 sein muss, auch u´ verschwindet, also eine laminare Unterschicht existieren muß.

Die Navier-Stokes-Gleichung für die Platten-grenzschicht sieht formal so aus:

$$\rho \cdot \left(\bar{u} \cdot \frac{\partial \bar{u}}{\partial x} + u' \cdot \frac{\partial \bar{u}}{\partial x} + \bar{u} \cdot \frac{\partial u'}{\partial x} + u' \cdot \frac{\partial u'}{\partial x} + \overline{v \ldots} \right)$$
$$= -\frac{dp}{dx} + \eta \cdot \left(\frac{\partial^2 \bar{u}}{\partial y^2} + \frac{\partial^2 u'}{\partial y^2} \right) \qquad \boxed{\text{s. Glg. 10}}$$

Im Mittel :

$$\overline{u' \cdot \frac{\partial \bar{u}}{\partial x}} = 0 \,, \qquad \overline{u' \cdot \frac{\partial u'}{\partial x}} = 0$$

Dann bleibt übrig :

$$\rho \left(\bar{u} \cdot \frac{\partial \bar{u}}{\partial x} + \overline{u' \cdot \frac{\partial u'}{\partial x}} + \bar{v} \cdot \frac{\partial \bar{u}}{\partial y} + \overline{v' \cdot \frac{\partial u'}{\partial y}} \right)$$

64

$$= -\frac{d\rho}{dx} + \eta \left(\frac{\partial^2 \overline{u}}{\partial y^2} + \frac{\partial^2 u'}{\partial y^2} \right)$$

$$\overline{u' \cdot \frac{\partial u'}{\partial x}} + \overline{v' \cdot \frac{\partial u'}{\partial y}} \approx \frac{\partial}{\partial y} \overline{(u' \cdot v')}$$

$$\rho \cdot \left(\overline{u} \cdot \frac{\partial \overline{u}}{\partial x} + \overline{v} \cdot \frac{\partial \overline{u}}{\partial y} \right) = \rho \cdot u \cdot \frac{du}{dx} + \eta \cdot \frac{\partial^2 \overline{u}}{\partial y^2} - \frac{\partial}{\partial y} \overline{(u' \cdot v')} \cdot \rho$$

Der letzte Term beschreibt den Einfluss der Turbulenz.

Laminare Scherspannung : $\tau_l = \eta \cdot \frac{\partial \overline{u}}{\partial y}$

Turbulente Scherspannung : $\tau_t = (-\overline{u' \cdot v'}) \cdot \rho$

Wegen der Massenerhaltung wird v' negativ sein, wenn u' positiv ist.

$(-\overline{u' \bullet v'})$ ist üblicherweise positiv !

$$\tau_t = +\varepsilon \cdot \rho \cdot \frac{\partial u}{\partial y} \text{ mit } \varepsilon = \frac{-\overline{u' - v'}}{\dfrac{\partial u}{\partial y}}$$

ε : turbulente kinematische Viskosität

$$\overline{u}' \sim l \cdot \frac{\partial \overline{u}}{\partial y}$$

$$\overline{v}' \sim \overline{u}'$$

$$\tau_t = \rho \cdot l^2 \cdot \left| \frac{\partial \overline{u}}{\partial y} \right| \cdot \frac{\partial \overline{u}}{\partial y}$$

l = Länge des Mischweges
l = f (Abstand zur Wandung)
laminare Unterschicht

Bei dieser Schreibweise hat τ_t immer dasselbe Vorzeichen wie $\frac{\partial \overline{u}}{\partial y}$.

Man kann also im turbulenten Bereich formal dieselben Gleichungen verwenden wie im laminaren Bereich, wenn man die Geschwindigkeiten u und v durch ihre Mittelwerte $\overline{u}$ und $\overline{v}$ ersetzt und statt der dynamischen Viskosität η die Summe aus laminarer und turbulenter Viskosität einsetzt. Diese lautet $\eta + \rho \cdot \epsilon$ oder $\rho \cdot (\nu + \varepsilon)$.

Nach Prandtl spielt die Länge des Mischungsweges eine Rolle : Bewegt sich ein Teilchen, dass eigentlich in x − Richtung fliessen sollte, mit der Geschwindigkeit v' in die Querrichtung, und legt dabei den Weg l^* zurück, dann weicht danach seine Geschwindigkeit offensichtlich um den Wert $u' = l^* \cdot \frac{\partial \overline{u}}{\partial y}$ von der Geschwindigkeit der betreffenden Stromlinie in x − Richtung ab.

Die Bestimmung von l ist nicht trivial. Man erkennt

66

aber aus der Herleitung, dass die Strömung unmittelbar an der Wand wegen I = 0 laminar sein muss.

Der Turbulenzgrad ist so definiert :

Grad der Turbulenz :

$$Tu = \frac{\sqrt{\frac{1}{3} \cdot \left(\overline{u'^2} + \overline{v'^2} + \overline{w'^2} \right)}}{u_\infty}$$

Die Schubspannung an einer Grenzschicht wird von der "Tesla-Turbine" ausgenutzt. Auf einer Welle besitzt sie einen Packen kreisförmiger Scheiben mit geringem Seitenabstand. Strömt durch die Spalten Luft, dann werden die Scheiben mitgenommen. Die Tesla-Turbine ist schaufellos und erreicht einen sehr hohen Wirkungsgrad - allerdings bei einer für die meisten technischen Anwendungen zu hohen Drehzahl.

Abbildung 22

(Bild : schematische Darstellung einer Tesla – Turbine)

10) Andere Hindernisse als ebene Platten / Ablösung

Für die ebene Platte gilt $\frac{dp}{dx}$ = 0.
In allen anderen Fällen horizontaler Strömung gilt für Stromlinien in grösserem Abstand vom Hindernis, also bei Vernachlässigung der Reibung, sowohl nach Bernoulli als auch nach Navier – Stokes :

$$u \cdot \frac{du}{dx} = -\frac{dp}{dx}$$

s. Glg. 10

Wenn das Fluid durch einen engen Spalt strömt, muss es schneller strömen. Der Abstand zwischen benachbarten Stromlinien sinkt, aber auch der Druck. Daher ergibt sich bei reibungsloser Umströmung eines Hindernisses diese Druckverteilung : (s. nächste Seite)

niedrige Geschwindigkeit – hoher Druck

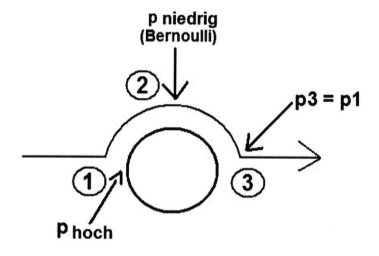

Abbildung 23

Diese Druckverteilung gilt auch in der Grenzschicht, obwohl dort die Geschwindigkeit u am Punkt 2 infolge Reibung eher gering ist. Der Schwung reicht nicht, um den Druck $p_3 = p_1$ wieder aufzubauen. Im Extremfall kommt hier das Fluid gegen den Druck nicht an und strömt zurück.

Aus der Navier – Stokes – Gleichung

$$\rho \cdot \left(u \cdot \frac{\partial u}{\partial x} + v \cdot \frac{\partial u}{\partial y} \right) = -\frac{dp}{dx} + \eta \cdot \left(\frac{\partial^2 u}{\partial y^2} \right)$$

70

sieht man formal, dass bei niedrigen Geschwindigkeiten und gleichzeitig hohem Druckanstieg $\frac{dp}{dx}$
$\frac{\partial^2 u}{\partial y^2}$ positiv werden muss.
Die Folgen sind Rückströmungen und die Ablösung
der Grenzschicht.

In der Grenzschicht :
Wenn $\frac{dp}{dx}$ einen hohen Werte annimmt, muss $\frac{\partial^2 u}{\partial y^2}$
positiv werden.

Resultat :

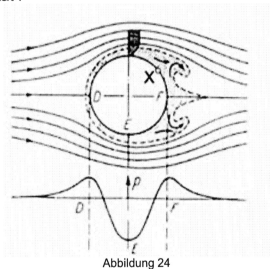

Abbildung 24

(Bild: Ablösung der Grenzschichtbindung am Kreiszylinder (
schematisch, X = Ablösungsstelle)
nach: Schlichting, H. , Gersten, K. (2006): Grenzschicht -
Theorie, Springer , 10.Auflage, Seite 37)

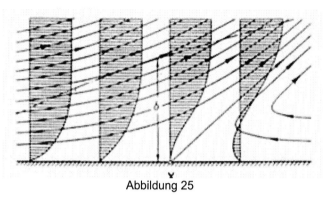

Abbildung 25

(Bild: Grenzschichtströmung in der Nähe einer Ablösungsstelle
(schematisch, X = Ablösungsstelle)
nach: Schlichting, H. , Gersten, K. (2006): Grenzschicht -
Theorie, Springer , 10.Auflage, Seite 39)

Stromlinienförmige Körper sind vorne rundlich und hinten spitz zulaufend, haben hier also ein kleines $\frac{dp}{dx}$.

In extrem ungünstigen Fällen – bei kantiger Frontseite – kann es bereits im vorderen Bereich zu Strömungsablösung kommen.

Ablösung und Verwirbelungen erhöhen den c_w-Wert erheblich, sind also für die meisten Anwendungen schädlich.

Beispiele :

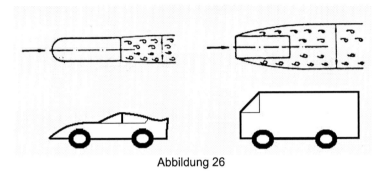

Abbildung 26

| strömungsgünstig | strömungsungünstig |

Auch die Turbulenz der Grenzschicht hat einen Einfluss. Es ist nicht egal, ob man mit der Zähigkeit η oder η + ρ • ε zu rechnen hat. Im zweiten Fall darf $\frac{\partial^2 u}{\partial y^2}$ kleiner sein, und Strömungsablösung tritt später oder gar nicht auf. Bekanntlich haben Haie eine recht raue Haut (man spricht hier von einer „Riblet-Struktur"). Diese sorgt für eine turbulente Grenzschicht und unterdrückt die Strömungsablösung. Sie können daher recht schnell schwimmen. (Die Fortbewegung auf dem Wasser ist beschwerlicher als das Tauchen. Die erzeugten Wellen (Froude – Zahl) haben in allen Fällen einen grösseren Einfluss als die Reibung.)

Es gibt auch Fälle, in denen Strömungsablösung erwünscht ist : Schwere Dampflokomotiven haben einen zylindrischen Kessel mit grossem

73

Durchmesser, daher nur eine eingeschränkte Sicht nach vorn, und wegen der niedrigen Brücken und Tunnel einen recht kurzen Kamin.

Bei Seitenwind ohne Strömungsablösung umströmt die Luft den Kessel und mischt sich derart mit dem Qualm und dem kondensierenden Dampf, dass der Lokomotivführer auf der windabgewandten Seite praktisch gar keine Sicht hat. Windleitbleche verursachen hier frühzeitige Ablösung und verhindern so diesen gefährlichen Effekt.
(Beschrieben in : Siem, G. : Chronik der Eisenbahn, Heel – Verlag, ISBN : 3- 89880 – 413 - 5).

(s. Bild nächste Seite)

Abbildung 27

(eigenes Foto : Windleitbleche an einer Dampflokomotive im
Eisenbahnmuseum Bochum-Dahlhausen)

Folgende Diagramme zeigen die Umströmung einer
Kugel oder eines fliegenden Balls. Ohne Reibung
folgt nach d'Alembert , aber auch nach Bernoulli
und Navier – Stokes, dass keine mechanische
Energie verloren geht und der Widerstandbeiwert 0

75

ist. Das gilt nicht nur für Kugeln, sondern auch für Körper, die strömungsmechanisch ungünstig geformt sind, sogar für Fallschirme, alte Rahsegel und Spinnaker, die ja so ausgeformt sind, damit sie einen hohen Widerstand haben. Allerdings gibt es den völlig reibungsfreien Fall nicht. Bei kriechender Strömung, wenn die Reibung spürbar wird, es aber noch nicht zu Strömungsablösung kommt, gilt, wie man theoretisch zeigen kann, für Kugeln $c_w = \frac{24}{Re}$. Danach gilt $c_w = 0,4$. Im überkritischen Bereich wird die Grenzschicht turbulent (wie beim soeben erwähnten Hai). Die Ablösung erfolgt später. Der Widerstand sinkt plötzlich. Bei noch höherer Reynoldszahl wandert der Ablösungspunkt wieder nach vorn.

Kriechende Strömung :

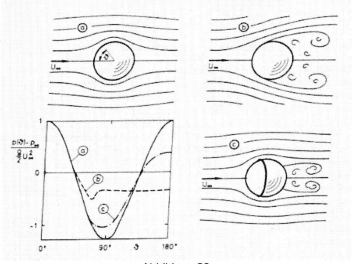

Abbildung 28

Druckverteilung an der Kugel
a) Reibungsfreie Strömung $\rightarrow c_w = 0$
b) Unterkritische Strömung
c) Überkritische Strömung (ev. durch „Stolperdraht"
    erzwungen)
(nach: Gersten, K. : Einführung in die Strömungsmechanik,
    Bertelsm. Univ.Verlag, 1.Auflage, Seite 114)

d'Alembert :
keine Reibung
(und keine Ablösung)
$$\rightarrow c_w = 0$$

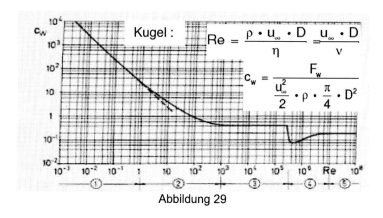

Abbildung 29

Widerstandsbeiwert der Kugel

1)$c_w = \frac{24}{Re}$ (Stokes) schleichende Strömung $\boxed{\rightarrow \text{laminar}}$

3) $c_w = 0,4$ unterkritisch $\boxed{\rightarrow \text{laminar mit Ablösung}}$

4)   überkritisch

5) $c_w = 0,2$ transkritisch $\boxed{\rightarrow \text{turbulent}}$

(nach: Gersten, K. : Einführung in die Strömungsmechanik,Bertelsm. Univ.Verlag, 1.Auflage, Seite 112)

78

Turbulente Strömung : $\eta + \varepsilon \cdot \rho$ anstelle von η :
Ablösung tritt später auf.

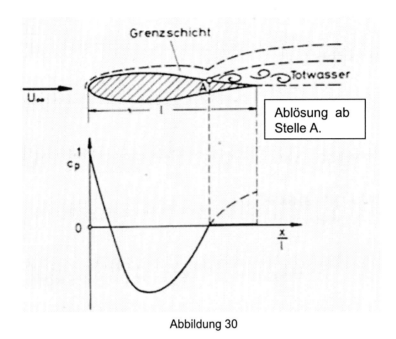

Abbildung 30

(Bild : Druckverteilung am Profil bei Ablösung der Grenzschicht
nach : Gersten, K. : Einführung in die Strömungsmechanik, Bertelsm. Univ.Verlag, 1. Auflage , Seite 110)

Den Zusammenhang zwischen Druckerhöhung und Verwirbelung findet man auch bei durchströmten Körpern, wie z.B. Rohrkrümmern.

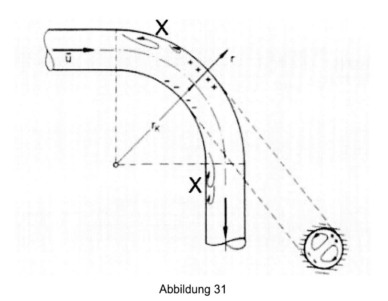

Abbildung 31

(nach : Gersten, K. : Einführung in die Strömungsmechanik, Bertelsm. Univ.Verlag, 1. Auflage, Seite 111)

Im „ Totwasserbereich " hinter einem Hindernis bilden die Wirbel oft eine periodische Struktur, die sogenannte Karmannsche Wirbelstrasse. Zur Beschreibung der Frequenz benutzt man die Strouhal - Zahl

Strouhal – Zahl : $\mathbf{Sr} = \dfrac{\mathbf{f \cdot d}}{\mathbf{u}}$

80

11) Asymmetrische Umströmung

Die Frage, warum ein Flugzeug fliegt, wird zumeist mit dem typischen Tragflächenprofil falsch begründet.
Die Standardbegründung lautet, dass der Weg oben herum weiter sei als auf der Unterseite, weshalb die Luft oben schneller fliessen müsse als unten. Das führe nach Bernoulli zu einem Unterdruck auf der Oberseite.

In diesem Zusammenhang Bernoulli zu zitieren, ist richtig. Ansonsten ist diese Erklärung Unfug. Sie erklärt zum Beispiel nicht, warum Kunstflieger auf dem Rücken fliegen können und dann Auftrieb in Gegenrichtung haben. Segel moderner Segelboote haben tatsächlich in etwa Tragflächenprofil auf der Aussenseite, sind aber auf der Innenseite konkav, ohne dass das sonderlich stört. Schwerter von Segelbooten sind nicht profiliert und erzeugen trotzdem einen Auftrieb in Querrichtung gegen den Wind, unterdrücken dadurch den Abdrift. Allerdings haben die Seitenschwerter alter niederländischer Segler, von denen immer nur das leeseitige benutzt wird, tatsächlich Tragflächenprofil. Das typische Tragflächenprofil ist also vorteilhaft, aber nicht Bedingung.

Es muss sich eine Art Potentialwirbel ausbilden, der dazu führt, dass der grösste Teil der anströmenden

Luft oben- bzw. aussenherum (s. Glg. 14) geführt wird. Das führt nach Kutta – Joukowski zum erwünschten Auftrieb. Der erforderliche Wirbel kommt nur dann zustande, wenn der Tragflügel bzw. das Segel einen von 0 verschiedenen Reibungswiderstand hat und deshalb der Versuch der Luft, unten- bzw. innenherum zu fliessen, schon gescheitert ist. (Eine interessante Erklärung findet sich in der Zeitschrift „Yacht".)

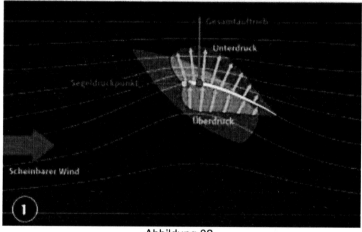

Abbildung 32

(Quelle : Zeitschrift Yacht, Ausgabe 2/2004, Verlag Delius Klasing, ISSN 0043 - 9932)

Dieser Effekt der Zirkulation wird bei Segelbooten verstärkt, wenn man zusätzlich zum Großsegel ein Vorsegel benutzt. Bei Doppeldeckerflugzeugen, die schon bei geringer Fluggeschwindigkeit einen hohen Auftrieb haben müssen, gilt das gleiche. Auch gibt es Rührer mit zwei übereinander

angeorgneten Blättern, die die Flüssigkeit
besonders Wirkungsvoll nach unten drücken
(Ekato…).

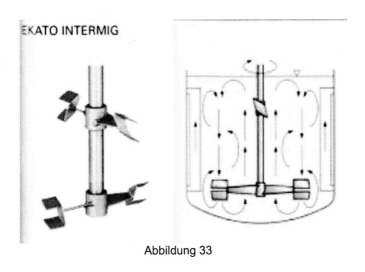

Abbildung 33

(Quelle : EKATO : Handbuch der Rührtechnik, EKATO Rühr- und
Mischtechnik GmbH, 2. Auflage (1991), ISBN 3-00-00 52 45 3)

Ein theoretisch interessanter Fall ist der Flettner –
Rotor, der, obwohl er sich in der Praxis nicht
durchgesetzt hat, physikalisch einwandfrei
funktioniert. Er ähnelt einer auf dem Schiff
aufgestellten, schnell rotierenden Litfasssäule. Auf
der einen Seite rotiert er mit der Luftströmung, so
dass es hier kaum zu Grenzschichteffekten kommt;
auf der anderen Seite ist es umgekehrt. Die
strömende Luft vermeidet die Reibung und wählt

83

vorzugsweise die Seite, auf der die Drehrichtung der Strömungsrichtung entspricht, und so kommt ein Potentialwirbel zustande mit einem Auftrieb, der deutlich ausgeprägter ist als bei einem Segel. Die Aufzeichnungen belegen aus 1 kg/h eingesetztem Kraftstoff pro Säule eine gewonnene Antriebsleistung von 600 PS bei einer Windstärke von 5 Beaufort (Angabe entnommen „GEA Westfalia Separator : „Separators Digest ").

Abbildung 34

(Quelle : http://de.wikipedia.org/w/index.php?title=Datei: Buckau_Flettner_Rotor_Ship_LOC_37764u.jpg&filetimestam p=20061213054637; Pressefoto der George Grantham Bain Collection)

Zum Schluss seien noch Bodeneffektfluggeräte erwähnt. Die Sowjets haben seinerzeit auf dem Kaspischen Meer Versuche mit „ Ekranoplan „ Fluggeräten unternommen. Dies waren Flugzeuge, die zu gross und schwer waren, um überhaupt fliegen zu können. Sie hoben nur etwa 1 bis 1,5 vom Boden bzw. der Wasseroberfläche ab. Durch den schmalen Spalt zwischen dem Tragflügel und dem Wasser konnte kaum Luft strömen. Fast die gesamte Luft strömte oben herum. Außerdem bildete sich in dem keilförmigen Spalt ein nicht unerheblicher Staudruck. Insgesamt konnte so ein Auftrieb erzeugt werden, der etwa dreimal so gross war wie bei einem herkömmlichen Flugzeug.

Abbildung 35

(Quelle: http://www.schulphysik.de/schiffe/ekrano_pics

/Ekranoplan1.jpg)

Den gleichen Effekt nutzte seinerzeit beim Abheben das DO-X – Flugboot von Dornier, das über Stummelflügel in unmittelbarer Nähe zur Wasseroberfläche verfügte.

Abbildung 36

(eigenes Foto : Modell eines DO-X Flugbootes mit deutlich zu erkennenden Stummelflügeln.)

12) Grenzschichtdicken in Zahlen

Grenzschichten an der ebenen Platte für Luft (20°C) und Wasser

Für die kinematischen Viskositäten gilt :

$$\text{Luft} : \nu = 1,5 \cdot 10^{-5} \ \frac{m^2}{s}$$

$$\text{Wasser} : \nu = 1,5 \cdot 10^{-6} \ \frac{m^2}{s}$$

Nach Abschnitt 6.2 gilt :

$$\frac{u}{u_\infty} = f'(m)$$

Für $\frac{u}{u_\infty}$ = 0,99 findet man dort tabelliert : m = 4,9

Auch gilt nach Abschnitt 6.2 :

$$m = y \sqrt{\frac{u_\infty}{\nu \cdot x}}$$

Sinngemäß bedeutet das hier :

$$4,9 = \delta_{99} \cdot \sqrt{\frac{u_\infty}{\nu \cdot x}}$$

Oder nach Abschnitt 3

$$\delta_{99} \approx 5 \cdot \sqrt{\frac{\nu \cdot x}{u_\infty}}$$

Ab Re $= \frac{u_\infty \cdot x}{\nu} = 5 \cdot 10^5$ schlägt die Grenzschicht von laminar nach turbulent um. An diesem Punkt findet man nach obigen Gleichungen folgende laminaren Grenzschichtdicken :

	u_∞	x	δ
	[m / s]	[m]	[mm]
Luft	10	0,75	5,3
	20	0,37	2,7
	50	0,19	1,2
Wasser	0,5	1,00	1,40
	1	0,5	0,70
	2	0,25	0,35

Diese Tabelle nennt beispielhaft einige turbulente Grenzschichtdicken (Info : Dr.-Ing.habil. F. Schmidt, Universität Duisburg-Essen)

	u_∞ [m / s]	x [m]	δ [mm]
Luft	10	1	8
	100	1	8
	100	5	36
Wasser	1	2	17
	2	5	39
	5	50	321

Zu pulsierenden Grenzschichten sei auf Dettmann (s. Literaturverzeichnis) verwiesen.

13) Literaturverzeichnis

- Gersten, K. : Einführung in die Strömungsmechanik, Shaker; 1.Auflage (2003), ISBN-13:
  978-3832210397

- Schlichting, H., Gersten, K. : Grenzschicht –
  Theorie, Springer Verlag, 10. Auflage (2006),
  ISBN-13: 978-3540230045

- Incropera, F.P., DeWitt, D.P.: Fundamentals of
  Heat and Mass Transfer, Wiley, 5.Auflage
  (2001) , ISBN-10: 9755030654

- Vauck, W.R.A., Müller, H.A.: Grundoperationen
  chemischer Verfahrenstechnik" , Wiley, 11.
  Auflage (2000), ISBN -10: 3527309640

- Bronstein, I.N., Semendjajew, K.A., Musiol, G.,
  Muehlig, H. : Taschenbuch der Mathematik,
  Deutsch, 7.Auflage (2008) , ISBN-13: 978-
  3817120079

- Zeitschrift Yacht, Ausgabe 2/2004, Verlag Delius
  Klasing, ISSN 0043 - 9932

- Zeitschrift „GEA Westfalia Separator :
  „Separators Digest "

- EKATO : Handbuch der Rührtechnik, EKATO
  Rühr-und Mischtechnik GmbH, 2. Auflage
  (1991), ISBN 3-00-00 52 45 3

- http://de.wikipedia.org/w/index.php?title=Datei:
Buckau_Flettner_Rotor_Ship_LOC-
37764u.jpg&filetimestamp=20061213054637;
Pressefoto der George Grantham Bain
Collection

- http://www.schulphysik.de/schiffe/ekrano_pics

- persönliche Mitteilung Dr.Ing.habil. F. Schmidt,

  Universität Duisburg-Essen

- Dettmann, Peter : Zusammenhang zwischen
  Geschwindigkeitsprofilen und Wärmeübergang
  bei turbulent pulsierender Rohrströmung,
  Wärme- und Stoffübertragung 26, 213-218
  (1991)

Übersicht der verwendeten Formelzeichen

Zeichen	Bedeutung	Einheit
c	Konzentration	kg/m³, kmol/m3
c_A	Auftriebsbeiwert	
c_w	Widerstandsbeiwert	
D	Diffusionskoeffizient	m² / s
$\vec{e}_x, \vec{e}_y, \vec{e}_z,$	Einheitsvektoren	
E	Ergiebigkeit	m³ / m · s
F	Kraft	N
F_A	Auftriebskraft	N
F_R	Reibungskraft	N
f_i, f_x	Richtungsanteil (Blasiusfunktion) von g	m / s²
f_r	volumenspezifische Kraft durch Reibung	N / m³
g	Erdbeschleunigung 9,81	m / s²
i, j, k	Raumrichtungen	
l	Plattenlänge	m
l	Länges des Mischweges bei turbulenter Strömung	mm

m	dimensionslose Kennzahl zur Grenzschichtdicke	
m	Masse	kg
P	Leistung	W
p	Druck	N / m²
p_0	Umgebungsdruck, zumeist 0,1 Mpa	N / m²
$\bar{p}$	mittlerer Druck bei turbulenter Strömung	N / m²
p'	Druckfluktuation bei turbulenter Strömung	N / m²
r	Radius	m
T	Temperatur	K
T_w	Temperatur an der Wand	K
T_∞	Temperatur weitab der Wand	K
$u, u_w, u_\infty, \bar{u}, u'$	Geschwindigkeitsanteil in x-Richtung (Def. analog zu p und T)	m / s
v, w	Geschwindigkeitsanteile in y- und z-Richtung	m / s
w_{rad}	Geschwindigkeit in radialer Richtung bei der Quellströmung	m / s
$\dot{V}$	Volumenstrom	m³ / h

x, y, z	Raumrichtungen	
α	Winkel	
α	Wärmeübergangskoeffizient	W / m² · K
Γ	Zirkulation	m² / s
γ	Drehwinkel	
δ, δ_{99}	Grenzschichtdicke	mm
ε	turbulente kinematische Viskosität	m² / s
ζ	Widerstandsbeiwert	
η	dynamische Viskosität	kg / m · s
λ	Wärmeleitfähigkeit	W / m · K
$\nu = \dfrac{\eta}{\rho}$	kinematische Viskosität	m² / s
μ	dynamische Viskosität bei Schlichting	m² / s
ρ	Dichte	kg / m³
ϕ	Potentialfunktion	m² / s
Ψ	Stromfunktion	m² / s
ω	Winkelgeschwindigkeit	1 / s
τ, τ_w	Schubspannung, Schubspannung an der Wand	N / m²